广州白云国际会议中心国际会堂及配套工程系列丛书

云溪筑景
云溪植物园

越秀集团　编著

中国建筑工业出版社

组委会

主　任：张招兴

副主任：林昭远　林　峰　黄维纲

委　员：陈志飞　王文敏　杜凤君　江国雄　王荣涛　洪国兵　李智国

编委会

主　任：黄维纲　郭秀瑾

副主任：季进明　李力威　梁伟文　马志斌　叶劲枫

委　员：梁灵云　黎　明　唐昊玲　钟大雅　邱程辉　莫嘉豪　陈　颖
　　　　黄子芹

目录

7	序章	71	第六章　莲池
11	第一章　云溪广场	87	第七章　竹林栈道
19	第二章　杉林溪谷	095	第八章　花城艺术馆
37	第三章　云桥	111	第九章　鸣云路
47	第四章　虹桥	119	第十章　专类展示园
55	第五章　松泉园	128	附　录　特别鸣谢

序章

　　云溪植物园，占地面积83公顷，毗邻白云国际会议中心国际会堂，是一颗镶嵌在广州市白云山西麓的璀璨明珠。作为国家植物园体系广州迁地保护示范区，云溪植物园是广州市践行国家植物迁地保护战略建成的第一个市属植物园。

　　这座植物园深度融合了岭南园林的精髓，秉持"城园共融、生态共生、人民共享"的核心理念，巧妙利用原有自然资源，打造出"一脉融山水、两径引两庭"的空间布局。

　　项目秉承构建人与自然和谐共生的生态文明思想，最大限度保留原有自然山水格局、群落的完整性以及植被种类的多样性。项目因地制宜，在尊崇本土亚热带常绿阔叶林植被类型以及各层植物生态合理优化的基本框架下，通过梳理乔木层和亚乔木层、优化灌木地被层植物、重塑微地形和地表排水体系等造景手法，使得重塑后的园林植物群落回归稳定、层次丰富、种类多样，实现园林景观的生态性、科学性和艺术性的完美统一。园内构建了十大核心观光片区：云阶步影（云溪广场片区）、云溪幽谷（杉林溪谷片区）、云桥秋色（云桥片区）、云山鹊桥（虹桥片区）、云根华堂（松泉园片区）、云影莲香（莲池片区）、云烟竹径（竹林栈道片区）、云林芳菲（花城艺术馆片区）、云鸣诗廊（鸣云路片区）和专类展示园片区。

　　云溪广场开阔大气，杉林溪谷清幽静谧；云桥宛若空中丝带轻盈飘逸，虹桥恰似天边彩虹绚丽缤纷；松泉园泉水潺潺，莲香池莲叶田田；竹林深处栈道蜿蜒，鸣云路上光影斑斓。花城艺术馆和自然教育馆两大展览馆为市民提供了丰富的文化与自然体验。花城艺术馆通过追溯千年花城发展史，让游客领略到广州深厚的花卉文化底蕴；自然教育馆则通过讲述岭南植物的科学故事，开展生态科普教育，提升了公众的环保意识。

　　专类展示园片区精心规划了睡莲植物展示园、新优花卉植物展示园、蜜源植物展示园、珍稀植物展示园、野牡丹专类园共五个专类展示园，迁地保育了华盖木、水松、格木、土沉香、红皮糙果茶、金花茶、野牡丹等在内的1300余种乡土和珍稀植物，吸引众多动物到此栖息安家，成为城市腹地生物多样性的典范。

　　此次园区的提升改造，既是对白云山多年来植树造林成果的见证，也是为老公园注入新活力的科学实践。它体现了"先绿化，再美化"的科学营林营园态度，为广东乃至全国的存量公园提升提供了宝贵的示范经验。同时，也让市民于山水之间，领略自然生态之秀美、植物科学之奥妙、岭南庭园之精巧、千年花城之历史，让人不出城廓而获山水之怡，身居闹市而得林泉之趣。

云溪植物园总平面图

云溪植物园区位分布

云溪植物园鸟瞰

第一章 云溪广场

主入口通过标志性的LOGO景墙，四千多平方米的广场铺装以及极具现代化的游客服务中心，打造开阔大气的迎宾空间。

云溪广场

"入山"，不仅是地理上的跨越，更是心灵之旅的启程。云溪广场，作为我们精心策划的叙事起点，巧妙地将原来的欧式轴线转变为一个开放包容、无障碍通行的聚散空间，让每一位访客都能在此悠然自得，与自然亲密对话。

在这里，原生大树被细心呵护，巧妙融入景观之中，成为广场不可或缺的绿色守护者，见证着四季更迭，岁月流转。每一棵树都承载着故事，每一片叶都诉说着过往，它们以静默的姿态，欢迎着每一位远道而来的朋友。

既然满园春色关不住，不如独创一处"准共享"式公园入口。我们摒弃了传统的高墙深院，采用"局部单向交通引导"模式，让公园的边界变得模糊而富有诗意。未入园门，您已能感受到园内的盎然春意，仿佛置身于一幅流动的山水画卷之中，实现了内外空间的完美交融。

入口改造前一

入口改造后一

入口改造前二

入口改造后二

云溪广场游客中心鸟瞰图

第一章 云溪广场

云溪广场整体鸟瞰

　　作为城市与山脉的交汇点，云溪广场以其独特的造型和开阔的岛聚式布局，深刻体现了"引山入城"的理念，让城市的繁华与山脉的壮丽在此交汇，共同编织出一幅既现代又自然的和谐画卷。

　　精心规划的小岛状绿地与硬质铺装相结合，构建了一个既独立成趣又相互贯通的公共空间。这些小岛状绿地宛如漂浮在广场上的绿色珍珠，各自散发着独特的魅力，同时又通过巧妙的路径和景观元素相互连接，形成了一个统一而丰富的整体。每个"小岛"上植被繁茂，绿意盎然。原生的树木与精心挑选的花卉相映成趣，共同营造出一种自然、野趣而又不失精致的景观氛围，让市民和游客在繁华的都市中也能感受到大自然的呼吸和韵律。

游客服务中心

游客服务中心北侧景观

　　游客服务中心，以其独特而引人注目的轻薄飞扬弯月造型，优雅地伫立于广场的前端。作为迎接每一位访客的首站，它不仅是一道亮丽的风景线，更是游客体验全方位一站式游赏服务的起点。游客服务中心巧妙地与周围的坡地绿化相结合，展现出一种和谐共生的设计理念。屋面的绿化种植，使得整个建筑仿佛是从山体绿化中自然生长出来的一部分。其外立面设计则充满了现代感与艺术气息，轻巧的组合圆柱如同优雅的舞者，与晶莹剔透的玻璃幕墙相映成趣，而木纹铝格栅的加入，则为整体增添一抹温馨与自然的气息。这些材质的组合，不仅使得建筑外观通透明亮，更在不同光线与角度下展现出丰富的光影变化，为游客带来视觉上的享受。

第二章　杉林溪谷

通过对原溪谷的陡峭地形、野生植被深度改造，打通了溪谷的纵深游线与视线，缓解了原先溪谷侧面的陡坡，延续了原生落羽杉、池杉林的植物风格，实现了山溪水流从山林野趣到自然现代风格的过渡。

杉林溪谷

　　珍稀植物展示园沿溪谷径而建，运用生态草沟、梯级生态驳岸、浅滩等湖泊湿地系统，实现生态净化。四周驳岸为生态自然型，并配有丰富的植被以作装饰，能有效起到蓄水、净化的作用；水流经之处以梯级水溪的形式为主，水溪两侧多用山石、砾石与植被的搭配，能够很好地延缓雨水的径流；水流最低处设计为一个景观水池，水池周边有微地形草坪和植物组团景观，具有疏导雨水和蓄水的功能，经过层层过滤、净化并汇集的雨水可用于园中水景以及日常园内植物的灌养。

　　溪谷良好的湿地生态为动物创造了适宜的生存环境，在这里可溯溪、观瀑、看鸟、赏叶，感受生物多样性之美。

溪谷改造前的水体

溪谷改造后的水体

溪谷改造前的叠水

溪谷改造后的叠水

溪谷改造前的驳岸

溪谷改造后的木栈道

溪谷改造前的落羽杉林

溪谷改造后的落羽杉林

　　溪谷径东西贯穿，全长约 840 米，以云桥为界，前端为城市与自然两个界面的过渡，理水手法也相应较现代。沿溪水往上溯源，后端的景致趋于自然，忽见叠石流泉，芦苇水草野趣横生，谓之"入境"。全段通过设置 26 级生态阶梯式蓄水，消化东西约 30 米的高差，最大落差 4 米，集雨面积约 23.8 公顷，在山腰处设置景观水池，四周为生态驳岸，水流经之处以梯级叠水的形式为主，穿插景石步道、亲水木栈道、休闲小广场、落羽杉林，提供有别于休闲游园道的溪谷涉趣体验。造景过程充分借助了白云山地形起伏、尺度方位、植被基底等优势，极力还原山麓、溪谷应有的自然形态。

杉林溪谷全景

深林中成束的光、镜池上倒影的天光、水流间跳跃的粼光、草坪上铺洒的斑光、树梢里透出的霞光……这些光与景的完美结合，不仅让人感受到大自然的美丽与神秘，更让人对生命的真谛有了更深的体悟。光，已经不仅仅是照明的作用，它已经成为景观的一部分，为这个世界带来了无尽的美好与希望。

望溪台倒映

第二章　杉林溪谷

杉林溪谷鸟瞰

杉林溪谷局部景致

建设之初，保留溪谷中大量的落羽杉林、池杉林，种植水生植物，设置卵石浅滩、亲水栈道，使人可行走于溪谷水边，近距离观赏杉林特色。木栈道与园路、景观桥形成立体的通行关系，草坡入水，营造了自然的生态水岸和灵动野趣的溪流景观。杉林溪谷仿如一幅山水画卷，使人忘却世间的烦恼和忧愁，感受自然之美的愉悦和净化。

古人的山水画意中，有"畅神"一说。南宋画家宗炳所作的《山水画序》中，强调了山水画的"畅神"功能。这种功能体现了山水画对于人的精神解脱的意义，也让人深感其对于人的心灵世界的关注和思考。

杉林溪谷景观

溪水倒映中的杉林溪谷

深秋时节，溪谷中的落羽杉和池杉林次第转红，云桥上无疑是最佳的俯瞰拍摄位。此时，不妨走到桥下，贴近水面，会发现有意外惊喜：渐变的红叶，伴随谷中的各种色彩和光，斑驳地倒映在水面上，呈现出层次丰富的水彩画效果。

杉林溪谷深秋

杉林溪谷云桥

云桥及杉林溪谷局部

溪谷为东西朝向,日照角度造就了摄影的绝佳环境。

清晨,面向东方,以云山为帐,捕捉日出从山腰升起的瞬间,晨雾中处处是丁达尔光的效果,在高色温的成全下,此处云山的山麓呈现在眼前的竟然是山水画里常见的黛青色。

傍晚,站在云桥上,面朝西方,任凭夕阳把天空染成紫蓝,霞光洒在整个山谷中,溪涧中流动的仿佛不是泉水,而是降落于人间的霞彩。此时,谷中的一切草木都披上了一层霞光,毫不吝啬地让游客将其纳入镜头之中。

溪谷夜景

园林夜景

晚霞下的杉林溪谷

第三章 云桥

云桥，位于溪谷径中游，因云山而得名，桥体巧妙融合珠水、云纹，以现代雕塑手法打造。注重艺术与实用相结合，采用了台地式观光桥和广场式车道桥相结合的形态，既满足了游客赏景、摄影、聚会、讲堂的功能，又能作为消防、应急、运输通道，实现【桥台合一】。其弧线造型和立体桥身又令其化身为景观的焦点，提供俯瞰、仰观、停留、穿越等多维度的观景视角来观溪谷、赏杉林，展现岭南园林对空间发掘和利用的极致。

云桥

改造前,云桥原址为一座造型古朴、厚重的欧式拱桥,为契合云溪植物园的自然景观,改造为造型轻巧的云桥。桥体单跨 70 米,桥宽 6 米,3 跨钢箱梁设计,采用"仿生"造型,将桥面局部放大,增设台阶、座凳,形成可停留观景、拍照、休憩的景观平台。桥身强调珠水云纹的曲线语言,使用淡木色曲线仿木纹铝板及高密度竹木材料制造,与落羽杉的深绿色相映成趣,增添了一抹自然的气息。桥底的木栈道平整而坚实,走在上面,能够感受到木材的温暖与质感,让人仿佛置身于大自然的怀抱之中。

云桥横跨溪谷,宛如一条轻盈的丝带,在绿意盎然的森林中飘然起舞,同时与周边杉林叠泉的自然环境融合。到了秋天傍晚,站在云桥上观云山景色,红色的落羽杉、木色的云桥与夕阳融为一体,仿佛置身于美丽的画卷中。

改造前的拱桥桥面

改造后的云桥桥面

改造前的拱桥立面

改造后的云桥立面

云桥观景平台

第三章 云桥

云桥深秋

青山彩叶云溪石

溪谷暮色

云桥暮色

云桥下方的浣溪栈桥

云桥外立面细节

深秋时节，落羽杉羽毛一般的叶子从浅黄到金黄，再到深红，犹如大自然的调色板，愈到深秋，愈加红艳。登桥远眺，夕阳的余晖如同一抹温暖的色彩，涂抹在天际。云桥披上金色的华裳，落羽杉林如同红焰般点缀溪谷。山林秀美，峡谷静流，仿佛大自然为这个瞬间特意准备了一场壮丽的表演。

第四章 虹桥

结合溪谷末端的高峡平潭,虹桥取意于中国传统木桥造型,横跨于飞瀑之上,成为该节点东西两侧的入景焦点,引出中国传统写意山水文化的画面。

虹桥

一抹虹桥凌空飞架溪谷山涧，恰似天边彩虹绚丽缤纷。在虹桥周边修复生态缓坡，恢复水系布设溪谷飞瀑，营建岭南山水画卷。虹桥单跨25米，桥身总长30.34米，取型于中国宋式木拱桥造型，饰面取传统木色，凸显岭南水乡古韵。桥面使用纤维增强硅晶石板的新型材料，桥身使用棕色仿木铝板，栏杆使用印尼菠萝格木材，将古典制式与现代钢结构材料完美融合，展现了古典与现代的和谐共生。

改造前的陡坡

虹桥旁改造后的陡坡

改造前的园路

改造后的虹桥

虹桥

第四章 虹桥

远眺溪谷

"山为翠浪涌，水作玉虹流"是苏轼描绘岭南美景的佳句。在明媚的阳光里，微风吹拂，山峦翠涌。虹桥横跨，水光如练，山林秀色使人陶醉，因此取名"虹桥"。

远观之下，桥身犹如一道优雅的弧线，连接峡谷两侧。虹桥之下，一道白练飞泻而下，终成整个写意山水画卷的收墨之笔！应用中国传统"理水"手法的造园置景，于山谷缓坡中筑坝蓄湖，于狭窄处砌叠石成飞瀑，谷底瀑声回荡，流水潺潺，芦苇摇曳。游客在溪谷下方可仰望虹桥瀑布，可轻踏溪涧朴石。躬身赏高峡，攀登望平湖，赏白云山自然美景。

虹桥叠瀑

虹桥倒映

虹桥细节

虹桥夜景

虹桥夜景细部

夜幕降临，明灯错落，园林深处映射出璀璨的光芒，皎洁月光洒在栈道上、桥面上、水面上、植物上，为夜色增添了一抹宁静的光辉。

虹桥被夜间的灯光勾勒出彩虹一般的璀璨轮廓，倒映在水面，与天幕上点点繁星交相辉映，景致纵深幽静。微风吹过，树叶摇曳，水中倒影也随之变幻莫测，展现出千姿百态的自然之美，整个园子更显得格外宁静、清幽。

第五章 松泉园

松泉园依山傍谷,占地三万平方米,建筑面积两千平方米。空间以北园、中庭、南池三段式布局。全园以唐代诗人王维描写秋景的「明月松间照,清泉石上流」为意境打造,得名「松泉园」。

松泉园

经虹桥沿山腰林荫路东行，疑误入云深不知处之时，却又忽见一组别致雅园，此园以唐代诗人王维描写秋景的诗句"明月松间照，清泉石上流"为意境营造，得名"松泉园"。

园内南侧是云溪池，巧妙结合了原地幽深山谷的独特风貌，平静如镜的水面倒映出青山环绕、碧水相拥、光影交织的绝美景象。

改造前的池面

云溪池西南角

改造前的建筑

西望云溪池

云溪池中部

改造前的平台

东望云溪池

改造前的山林

云溪池中部

松泉园鸟瞰

松泉园日出

松泉园背靠白云山葱郁山脉，山泉汩汩，顺着山势缓缓而下汇聚成湖。借用山谷幽深的地貌，营造山环水抱、天光云影的景象，融合岭南园林的特点，在此建成一座自然教育馆，建筑面积2000余平方米。馆内空间主次分明，长廊半抱，错落有致，环绕湖面平缓舒展，前庭后院次第展现，巧妙融入白云山的山景之中。自然教育馆的整体布局自然流畅，营造出"融于山水，内外渗透，步移景异，亭榭轩桥"的现代岭南园林建筑意境。

松泉园夜景鸟瞰

松泉园入口夜景

松泉园次厅

自然教育馆是现代岭南园林造园和岭南建筑艺术的集大成者，空间布局传承了岭南园林精巧、通透开朗的风格特色。建园时充分利用山谷狭长的地形特点，建筑呈东西向分布，以门厅、连廊连接东侧主厅和西侧次厅，环绕形成中部云溪池，体现层次分明、错落有致的建筑美感。

考虑气候的适用性，为应对岭南炎热多雨的气候，通过宽大深远的挑檐、轻盈的铝板金属屋面与通透的连廊进行组合，既可遮阳也能避雨。墙体选用传统民居的灰色干挂镂空陶砖，增强通风效果，促进场地的风循环。主厅与次厅墙身采用通透的双面玻璃，将室外景观引入室内，使景观与建筑融为一体。在廊道连接的位置设有多处小尺度的庭院，在丰富景观空间层次的同时营造场地的微气候，连廊外侧则采用预制金属格栅，增加了光与影的变幻效果，营造出自然林景中游走的空间氛围，在一开一合间增添了景观的节奏秩序。

山谷幽处

自然教育馆局部

科普长廊依托自然教育馆，着力展现岭南植物的生长风貌和重要影响力，构建植物美学深度体验场地。

科普长廊采用室内外空间与环境交融的设计手法，强调室内与室外空间相互渗透与融合，通过运用大面积的玻璃窗或柱廊，在室内设置中庭或天井，打破传统的空间界限。

多功能应用场景

在建筑美学中，水景往往被赋予极高的精神内涵。由水面带来的开阔视野，是活动空间在更广阔区域的延伸。水面静止则如明镜，风过则起细波，对于追求平和的中国人来说，水正是"善利万物而不争"的"善"与"德"的体现。

"惟有门前镜湖水，春风不改旧时波"，贺知章的这句诗，不仅流露出他对故乡的怀念，也体现了中国民居建筑临水而建的传统。

云溪池局部

古色古香的秋山亭

"秋空犹胜春光好，翠叶烧丹绿树红"，广州的四季鲜见北方城市鲜明起伏的四季变化，夏无盛暑，冬无霜雪，四季不明，树木常青，花开四时。而广州的秋季，更像是一幅水墨画，以温和、细腻的方式展现秋意。

秋山亭为岭南造园中最典型的六角亭，它临水而建，轻巧通透。驻足亭中，能观赏广州最美山林秋色——满园红叶花竞放，天高水碧影徘徊，故取名"秋山亭"。作为全园点睛之笔的岭南古典亭，秋山亭表达了建设者对岭南古典园林的致敬与传承。

柳枝轻拂秋山亭

第五章 松泉园 067

疏影横斜的马尾松

马尾松框景

山谷最深处，建筑背后还隐藏着一处静谧花园。花园的东南角种植了三株本地马尾松，按唐风盆景的画意布局，形体各异，洒脱而不留人工痕迹，成为主厅内东望时长卷横画的前景。与之呼应的是花园东北角的活树凉亭，岭南常见的小榕树被工匠巧妙地修剪成四角方亭。清晨，朝阳喷薄而出，雾气缭绕，翠绿的轮廓于仙气之中若隐若现。从主厅内往外望，整幅长卷融入白云山的山景中，形成人在画卷中的感觉。

雨季山洪时常爆发，如何治理山洪是建设前首要考虑的问题。利用山势地形的变化，设计了淙淙溪涧，围绕活树凉亭、碎石小路、古朴的石板桥，蜿蜒而下汇聚为一潭清池。中国园林的理水手法再次得以灵活应用，在开合迂回之间，水系成为地形与空间营造的亮点。

马尾松组景

第六章 莲池

莲池保持了原先水体的雨洪调蓄功能,扩大了水体面积,凸显了环湖观景与跨湖散步的功能,以世界名画为意境追求,结合人工精致的长效花境艺术,充分发挥原生树木与缓坡的优势,为游客提供多种赏云山、观睡莲的模式。

莲池

莲池的前身是"观荷园"，经改造后，水体与绿化面积达到两万多平方米。除了保留原有的雨洪调蓄功能，莲池通过扩大水体面积进一步增加了蓄洪量。结合环湖观景与跨湖散步的设计理念，在湖心岛上特别设置了下沉式观莲景观台。游客可于此切换到低视角，近距离欣赏池中千姿百态的莲花、欢快游鱼以及成双成对的鸳鸯，仿佛置身于莫奈《睡莲》的梦幻画面。莲池两岸结合精致的长效花境艺术，充分发挥原生树木与缓坡地形的优势，为游客提供丰富的赏景体验。从云山的远眺到莲池的近观，每一处细节都经过匠心雕琢。

对原有植物群落、地形、岸线的梳理是改造工作的重点之一。过去封闭、混杂的灌木林，已被疏密有致、错落生动的植物新群落所取代，形成花香宜人、层次丰富的天然背景，为莲池增添了独特的生态之美。

改造前的观荷园

改造后的莲池

改造前的观荷园平台

改造后的莲池平台

改造前的映日廊

改造后的抱榕廊

改造前的广场

改造后的休息区

第六章 莲池 073

榕姿夕照

莲池夜景

"出淤泥而不染,濯清涟而不妖。"莲池把《爱莲说》中描述的景象表达得淋漓尽致,这里汇集了 200 多种荷花与睡莲品种,包括具有千年历史的"宋莲"和从海外带回的"孙文莲"等珍稀品种。这里以塘、草、花为核心要素,营造出莲香飘远的自然景象,充分展现岭南夏秋滨水景观的独特魅力。池中混植香睡莲、红睡莲、延药睡莲、蓝莲花等多彩品种,莲花次第绽放,美不胜收。水面上的小䴙䴘(pì tī)穿梭于莲花与香蒲之间,为莲池增添了几分灵动与生机。

第六章　莲池

莲池春晓

莲桥

法国印象派大师莫奈曾说："我要画出一片没有边际的水，有云影，有睡莲，有无处不在的光在流动。"他的《睡莲》系列经典画作，亦为莲池风景的营造提供了浪漫的意境借鉴。白云山麓的莲池，时而是"半池烟雨半池蓬"的梦幻，时而是"天光云影清水镜"的澄澈。即使地处城市干道边，依然能感受到这片"静谧的睡莲世界"。水上、岸边的各色睡莲在季节的更迭中次第盛开，云山的剪影倒映在池水中，与碧波荡漾的莲叶共同构筑了一幅悠然的画意风光。水鸟在莲间悠游觅食，或展翅飞掠，或静栖其间，增添了几分生动与和谐。跨越池水的栈桥错落蜿蜒，榕树的枝叶垂挂，周围多彩的长效花境和绚丽花丛交织成动感的视觉画卷，宛如印象派画家的调色板。

莲池鸟瞰

莲池倒映

莲池驳岸

抱榕廊鸟瞰

第六章 莲池 083

抱榕廊内景

　　莲池北侧，一座精巧而吸睛的圆形廊架静静矗立，它高 3.8 米，直径 18.1 米，宛如一位温婉的守护者，轻柔而坚定地环抱着一棵古老而健壮的榕树。这棵榕树历经岁月的洗礼，粗壮的根系向四周延伸，其间点缀着簇簇新绿的小草，散发着一种难以言喻的沧桑与壮美。巨大的树冠如同一片翠绿的华盖，为下方的廊架投下大片阴凉。浅木色的格栅与轻盈的铝板顶盖相得益彰，既保证了透光性，让斑驳的光影在地面与廊顶间跳跃，又能遮挡部分烈日与风雨，为游客提供了一处绝佳的休憩场所。

第七章　竹林栈道

原本无法通行的消极竹林杂灌木区域，经改造提升后，架空的人行栈道在竹林中穿梭，既满足了游客休憩参与的需求，又最大限度保持了坡地地表径流的自然运形。

云烟竹径

竹林栈道

　　竹林栈道位于原荷花池的东侧斜坡之上，原生的竹林和桉树林过于密集，游客视线受到了遮挡，无法深入体验。在保留原生大树的同时，丰富竹子品种并优化种植布局，巧妙增设一条长约 228 米的架空栈道，将莲池的湖心岛、莲桥、品莲台、抱榕廊连接起来，游客可于竹林中穿行，亦可居高观莲池，为云溪植物园增添一条新的观赏与休憩路径。

改造前的园路

改造后的竹林栈道

改造前的竹林

改造后的竹林

竹林栈道局部

第七章 竹林栈道

竹林旺盛的生命力与莲池的驳岸地势构成了独特的景观，为了最大限度减少对现状的干扰，维持这种充满原野的意境，设计秉持因地制宜、顺势而为和最小化干预的原则，在竹林下空间搭建了架空栈道，引导暴雨洪峰期间的雨水流向，以减轻对该区域地表景观的冲击。结合原生大树设置景观节点，使栈道和周边环境和谐相融，宛若山林间一条灵动的带。节点的有机分布赋予了栈道整体韵律变化之美，营造出生态、和谐的景观环境。

竹林栈道局部

竹林栈道局部

现代风格的竹林栈道，同样有着岭南园林中竹径通幽的园林致趣，以步入栈道为例，粉单竹三五成群，夹道相拥，颇有"日出清清秀，月照清清影，雨洗清清秀，风吹清清香"的意境。哪怕在六月的南方，竹荫之下，微风夹杂着池里的莲香带来丝丝凉意。凭栏小憩，闭上眼睛，满耳竹涛沙响，睁开眼睛，满眼竹光摇曳。

夕阳照射下的竹林栈道

第八章 花城艺术馆

花城艺术馆景观延续建筑纯洁、通透、高雅的风格,通过重塑地形、优化林下空间利用率、调整绿化空间层次,打造具有弹性功能的活动草坪空间。

花城艺术馆

花城艺术馆原址为大红花灌木品种展示区,改造后成为以岭南花卉历史为主题的展览馆。这座建筑的设计理念深刻体现了广州作为花城的独特魅力,其建筑造型的灵感源自古南越国的国花——素馨花,以其纯洁而高雅的姿态,成为艺术馆的灵魂。

艺术馆是一座两层的白色圆弧形建筑,其外立面继承了岭南园林建筑的轻盈与通透,与户外的景观完美融合。建筑采用了轻薄的中空屋顶和深远的挑檐,结合白色金属圆管与落地式玻璃幕墙的立面设计,营造出丰富的光影变化,展现出一种充满韵律的光影之美和朦胧含蓄的韵味。同时巧妙地将山林、樟树、草坪花境等自然环境元素引入建筑之中,实现了对周边优美风景的最大利用。

艺术馆采用创新的节能方式,将建筑功能隐藏于地下,有效减少太阳热辐射,从而降低空调能耗。建筑首层采用深远的挑檐,立面玻璃外侧采用白色的圆管,可减少太阳辐射产生的热量。地下中庭的设计不仅补充了自然采光,更重要的是起到了"拔风"的作用,有利于地下展馆的空气调节,创造了一个既舒适又环保的参观环境。

改造前的大红花园

改造后的花城艺术馆

改造前的大榕树林

改造后的大樟树草坪

花城艺术馆鸟瞰

第八章　花城艺术馆　097

节庆草坪

如茵草坪宛如一条翠绿的丝带，连接着花城艺术馆与莲池。它以无垠的视野和温柔的触感，为每一位到访者带来宁静与舒适的体验。绿意盎然的草坪与透明且流线型设计的艺术馆形成了鲜明对比，如同自然界的一抹灵动，巧妙地融为一体。

卵形的草坪充分考虑了地形环境特征，通过高标准的营造工艺和精心挑选的草种，确保其四季常绿和良好生长。草坪两侧，美丽异木棉树以其独特的风姿，延续着主园路的美景，环绕四周，为这片空间增添了一抹别样的风情。

这片嫩绿色的草坪，宛如一张细腻的翠绿地毯，邀请着游客们在这里尽情奔跑、扎营。阳光透过茂密的树叶洒在草地上，形成斑驳的光影，营造出一种温暖而平和的氛围。在这里，游客们可以沐浴在阳光下，感受大自然的温柔拥抱，享受这份宁静与和谐。

花城艺术馆与如茵草坪

第八章　花城艺术馆　099

大樟树

　　花城艺术馆北侧是纯粹的树下坡地草坪，老樟树如巨大的绿帐一般庇护着纯净的草坪空间，这里是举行露天活动的极佳地点，花城艺术馆外廊露台此时则成为最佳观众席。

　　原址生长着一株近 90 年树龄的大香樟，其枝干苍劲舒展，树冠亭亭如盖，傲然挺立在草坡边上。为了保护这株古树，在前期规划阶段就充分融入樟树的存在，将其作为设计的亮点和特色，建筑整体偏移了 30 米，给大樟树预留足够的生长空间。在改造提升过程中，采取一系列专门的保护措施，避免对树根系造成压迫，确保它与新建筑和谐共存、相得益彰。

花城艺术馆与大樟树

第八章　花城艺术馆

花城艺术馆细节

花城艺术馆夜景

第八章 花城艺术馆 103

花城艺术馆室内与展陈效果

花城艺术馆内部以圆环型展示空间为核心，巧妙地将艺术与功能融为一体。首层设置餐饮区和表演区，负一层为展览厅，在两层建筑之间设计两个夹层，增加了空间的使用，通过设置明确的出入口、有序的展示顺序，游客可以沿着预定的路线进行参观，使参观动线变得有层次感。建筑中央的圆形螺旋台阶，把整体的流线凝聚在建筑庭院中，形成了既穿插于建筑之中，又具有明确向心性的动线系统，使空间布局更为灵动。

花城艺术馆建筑局部

第八章　花城艺术馆　　105

花城艺术馆日出

与栈道遥相呼应的花城艺术馆

在翠绿的山林中，花城艺术馆如同珍珠般熠熠生辉，与周围的绿色形成鲜明对比。这座建筑以其纯净的白色和简洁的圆形设计，在绿意盎然的山林中显得格外引人注目，仿佛是自然与现代设计的完美结合。置身于这座白色圆形建筑中，仿佛进入了一个绿野仙踪的奇幻世界。

林中夕照的花城艺术馆

从树林穿透远望花城艺术馆

第八章 花城艺术馆

第九章 鸣云路

「漫步春山径,时闻鸟飞啼」。木栈道蜿蜒盘卧于疏林带间,先前还是密不透风的野生林,如今已视野通透,举目皆景,如诗如画。

鸣云路

　　鸣云路原貌生长着成片的尖叶杜英、桉树、榕树，林冠郁闭度高，致使底部地被植物生长受阻。秉承保护原生树木的原则，对林冠进行修剪，增加林下透光度，使阳光能够洒落到林下的低矮灌木地被上。同时，对坡地地形进行二次梳理，引入海绵城市技术，营造出具有示范意义的集水功能景观。新建的架空木栈道解放了地表径流通道，又为植物生长提供了空间，最后呈现出"绿荫合宣、舒朗通透"的怡人效果，为游客提供了可以驻足休息和观赏的自然景观。

改造前的园路

改造后的木栈道

改造前的树林

改造后的阳光草坪

鸣云路局部

鸣云路栈道

鸣云路栈道

鸣云路疏林草地景观的真谛在于自然之美，随着时间的缓缓沉淀，疏林草地景观愈发韵味十足，植物生机勃勃，光彩夺目，尽显自然之态。无需复杂的布局和过度的人工痕迹，尊重每一棵原生树，便是最美的布局。在这里，人与植物、人与自然的关系会更加和谐，而这正是景观回归纯粹的最佳理由。

鸣云路沿线

每年五月,翠绿的草地宣告着华南地区丰沛雨季的来临。行走于林中栈道,斑驳的光束透过繁密的枝叶洒落在草坪上。高大壮硕的尖叶杜英和古老的榕树,仿佛在诉说着它们成长的历史。充足的漫射光让林下的草地和灌木也充满生机与活力,露水尚未散去,几声鸟鸣传来,一切都显得那么恰到好处。

第九章 鸣云路 115

第十章 专类展示园

云溪植物园根据植物的生长习性和形态特征,设有睡莲植物展示园、新优花卉植物展示园、蜜源植物展示园、珍稀植物展示园以及野牡丹专类园。该园致力于迁地保育多种乡土和珍稀植物1300余种,包括水松、格木、土沉香、红皮糙果茶、金花茶和野牡丹等,成功吸引了黄猄、松鼠、暗绿绣眼鸟等多种动物在此栖息和繁衍,成为城市中心生物多样性保护的典范。

新优花卉植物展示园

新优花卉植物展示园局部

　　该园汇集了近年来培育出的观赏价值高、适应性强的花卉品种，如红叶榄仁、非洲芙蓉、长叶排钱树以及超长花期的大花茄等，这些植物不仅色彩斑斓，而且形态各异，为游客提供了丰富的视觉享受。此外，园内还设有科普解说牌，介绍各种花卉的生长习性、繁殖方式和文化意义，让游客在欣赏新优奇特的同时，也能了解植物背后的故事。

野牡丹展示园

野牡丹展示园局部

"山野吐芳又何妨，人间世事本无常"，野牡丹不若花中之王牡丹那般雍容华贵，却有另一番脱俗的山野灵气。野牡丹是野牡丹科野牡丹属常绿灌木、小乔木，花呈粉红色至紫色，花色艳丽，花量大，花期长。全世界共有野牡丹科植物 4000 余种，我国有 160 余种，其中广东有 64 种。作为岭南特色乡土植物之一，20 多年前野牡丹却是"养在深闺无人知"。为此广州率先把野牡丹引入城市绿化，培育出首个新品种，实现国内野牡丹新品种培育"零的突破"，推广应用野牡丹、毛稔、角茎野牡丹、大华荣耀木等新优野牡丹科植物 20 多种。云溪植物园成立了野牡丹专类园，收集 80 余个品种，具有自主知识产权的新品种 10 个，包括国家二级保护植物、广东特有品种虎颜花，同时也是全国收集野牡丹科植物种类最多的专类园。

蜜源植物展示园

该园专注于展示那些能够吸引和供养蜜蜂等传粉昆虫的植物，利用林缘及林下空间，种植桂花、木芙蓉、非洲芙蓉、大花马兜铃等多种蜜源植物。当植物盛开，蝴蝶轻盈飞舞，蜜蜂忙碌采蜜，别有一番意趣。每当四月来临，白云山上油桐树便竞相绽放，开花遍野，尤其是山脚处被精心保护下来的几株油桐树更是繁花似锦，花瓣飘落如雪。

通过这样的展示，游客不仅能够欣赏美丽的花海，还能深刻理解植物与昆虫之间相互依存的生态关系。

蜜源植物展示园局部

蜜源植物展示园局部

睡莲植物展示园

莲池

睡莲品种展示

该园汇集了世界各地的睡莲品种，包括热带睡莲和温带睡莲。游客可以在这里欣赏到睡莲在水中优雅绽放的景象，它们的花瓣在阳光下闪耀着光泽，与水面的倒影相映成趣。展示园内还特别设计了下沉式品莲台，方便游客近距离观察睡莲的生长环境和生态习性。

此外，园内还设有互动式教育展板，介绍睡莲的种类、生长周期以及它们在生态系统中的作用，让游客在观赏的同时，也能获得丰富的知识。

珍稀植物展示园

珍稀植物展示园局部

该园区种植了多种全球濒临灭绝的珍稀植物种类，如水松、华盖木、广西火桐等珍稀植物45种。整个展示园区行于山林浣溪栈道之间，游客可以在这里边溯溪边观赏。展示园内不仅有详尽的解说牌，还设有模拟自然环境的生态展区，让游客仿佛置身于原始森林之中。

珍稀植物展示园入口

果香园

"人间世事本无常,山野吐芳又何妨"。果香园保育芒果树、荔枝、龙眼、黄皮等岭南佳果58种、800多株。园内设佳果驿站,是体验丰富岭南水果、享受大自然馈赠的绝佳场所,让人们感受到大自然的魅力。

果香园

果香园

附录 特别鸣谢

图片来源：

叶劲枫工作室：
第 09、12-31、34-50、53-60、62-66、69、73-77、79-88、90-96、98-101、103、106-127 页摄影照片，第 32、52、61、67、68、72、78、105 页部分摄影照片

广州市思维摄影有限公司：
第 33、51、89 页摄影照片，第 32、52、58、67、72、78 页部分摄影照片

九里建筑摄影工作室：
第 97 页摄影照片，第 68、102、104 页部分摄影照片

诺金浮图影像工作室：
第 61、102 页部分摄影照片

广州园林建筑规划设计研究总院有限公司：
第 08 页总平面图

建 设 单 位：越秀集团
　　　　　　广州裕城房地产开发有限公司

管 理 团 队：黄维纲　季进明　李力威　郭秀瑾　梁伟文　马志斌
　　　　　　黎　明　吴仲明　杨晓龙　项　耿　唐昊玲　梁灵云
　　　　　　周宇杰　张顺荣　陆　乾　沈元勋　邱程辉　刘　磊
　　　　　　左安健　盘小健

设 计 单 位：广州园林建筑规划设计研究总院有限公司
项目指挥长：芶　皓
项 目 负 责：林兆涛　范丽琼
建 筑 主 持：李　青
团 队 成 员：莫　韵　陈汝博　曾荟馨　陈广成　吴梅生　李雪仪

施 工 单 位：广州普邦园林股份有限公司
项目指挥长：朱健超
技 术 指 导：涂善忠　黄庆和　涂文哲　何高贤　叶劲枫
项 目 经 理：黄隆坤　姜　波
项 目 总 监：陈嘉莉　郑　君　陈　炜
深 化 设 计：全小燕　何幼梅　彭雪峰　莫嘉豪　曾智龙

设计咨询单位：广州市城市规划勘测设计研究院有限公司

造价咨询单位：建成工程咨询股份有限公司

监 理 单 位：广州建筑工程监理有限公司

勘 察 单 位：建材广州工程勘测院有限公司

图书在版编目（CIP）数据

云溪筑景：云溪植物园 / 越秀集团编著. -- 北京：中国建筑工业出版社，2024.11. --（广州白云国际会议中心国际会堂及配套工程系列丛书）. -- ISBN 978-7-112-30516-2

Ⅰ.TU242.6

中国国家版本馆CIP数据核字第2024NJ2305号

责任编辑：孙书妍　李玲洁
责任校对：赵　力

广州白云国际会议中心国际会堂及配套工程系列丛书
云溪筑景
云溪植物园
越秀集团　编著

*

中国建筑工业出版社出版、发行（北京海淀三里河路9号）
各地新华书店、建筑书店经销
北京海视强森图文设计有限公司制版
北京富诚彩色印刷有限公司印刷

*

开本：965毫米×1270毫米　1/16　印张：8$\frac{1}{4}$　字数：298千字
2024年12月第一版　2024年12月第一次印刷
定价：**138.00**元
ISBN 978-7-112-30516-2
（43744）

版权所有　翻印必究
如有内容及印装质量问题，请与本社读者服务中心联系
电话：（010）58337283　QQ：2885381756
（地址：北京海淀三里河路9号中国建筑工业出版社604室　邮政编码：100037）